EAUX MINÉRALES ET THERMALES DE NEYRAC

Près AUBENAS (Ardèche).

VALENCE,
Imprimerie de J. MARC AUREL, rue de l'Université, 9.
1852.

COUP-D'OEIL

GÉOLOGIQUE ET HISTORIQUE

SUR

AUBENAS, VALS, LE PONT-LA-BEAUME, MEYRAS, NEYRAC, THUEYTS ET MONTPEZAT,

SUIVI D'UN

MÉMOIRE SUR LA NATURE ET L'AGE DES VOLCANS

DU VIVARAIS,

PAR J.-B. DALMAS,

Membre de la Société géologique de France et de la Société académique du Puy.

1re LETTRE A M. BOURSIER,

Ancien ingénieur des mines, receveur général des finances, à St-Lô.

Lorsque vous quittâtes l'Ardèche pour passer à une recette générale plus importante, le plaisir de votre avancement put alors adoucir un peu la douleur de notre séparation. Il n'en est plus ainsi maintenant; je sens tout le vide de votre absence, et votre dernière lettre, du 22 février, est venue augmenter encore mon inquiétude, en m'apprenant que votre indisposition s'est agravée, malgré les soins des Esculapes modernes qui, soit dit entre nous, n'ont pas à craindre d'être foudroyés, comme leur maître, pour avoir rendu la vie aux morts.

Laissez donc en paix les médecins et la pharmacie, pour suivre les conseils d'un ami qui vous est tout dévoué.

A votre âge la nature affaiblie ou plutôt contristée par la vie monotone et casanière des bureaux, ou par une trop longue tension d'esprit, sait fort bien se relever d'elle-même, lorsque la cause du malaise cesse d'agir.

Il faut absolument vous soustraire quelques jours aux soins et aux fatigues, inséparables de l'administration des finances. Il faut venir au mois de juillet, avec madame Boursier et vos enfants, chercher les plaisirs et la santé dans les bains de Neyrac, qui produisent vraiment des effets merveilleux (*Voyez* les propriétés des Eaux, et l'analyse de M. Mazade, publiés dans l'imprimé ci-joint.)

Grâces à la sage direction d'un homme capable, M. Reymondon, architecte du département de 'Ardèche, on trouve aujourd'hui dans l'établissement des bains de Neyrac, toutes les facilités, tous les soins, toute la propreté et tout le confortable désirables. D'ailleurs un omnibus élégant transporte deux fois par jour, à heures fixes, les voyageurs d'Aubenas à Neyrac, et *vice versâ*. Ce n'est là qu'une promenade d'une heure et quelques minutes sur la belle route nationale N° 102, habilement tracée sur les rives ombragées et fleuries de la rivière d'Ardèche.

En 24 heures vous arriverez de Paris à Aubenas, petite ville de 5,000 âmes, pleine de vie, gracieuse, coquette et riche, surtout par l'immense commerce des soies grèges et ouvrées qu'elle expédie à Lyon et à Saint-Etienne. Cette ville placée sur le point d'intersection de deux grandes routes nationales, est un entrepôt général des divers produits de la Provence, du Languedoc, de la Haute-Loire et des montagnes cévenoles. Aussi les gastronomes sont-ils assurés d'y trouver toujours ce luxe de table, et cette finesse de mets et de vins qu'ils savent si bien apprécier.

De leur côté, les savants et les artistes y trouvent bon accueil et bonne société.

Nous visiterons d'abord les restes assez bien conservés du vaste château d'Aubenas, qui domine le fertile bassin du Pont et le rapide cours de l'Ardèche. Ce château a été bien longtemps le théâtre ou le témoin des guerres religieuses du Vivarais.

Nous lisons dans l'*Histoire du Languedoc*, qu'en 1226, Héracle de Montlaur, redoutant les armes de Louis VIII et la croisade prêchée par le cardinal de Saint-Ange contre l'infortuné comte de Toulouse, Reymond VI, accusé d'être le fauteur secret de l'hérésie des Albigeois, fit hommage immédiat au roi de France, pour les châteaux d'Aubenas, d'Ucel et de Saint-Laurent, qu'il tenait en arrière-fief du comte de Toulouse.

Par lettres patentes du mois d'avril 1230, le jeune roi Saint Louis, devenu maître des comtés de Viviers, d'Usez, etc., par le traité de paix conclu, en 1229, avec Reymond VII, ordonna à Héracle de Montlaur de faire hommage à l'évêque du Puy, (Etienne II de Chalancon), pour ses châteaux d'Aubenas, d'Ucel et Saint-Laurent, jusqu'à ce que son frère Alphonse, qui venait d'épouser la fille de Reymond VII, fut en âge légitime de rendre lui-même cet hommage à l'évêque du Puy, qui avait primitivement donné ces châteaux en fief au comte de Toulouse.

En 1562, L'Estrange, à la tête des catholiques, assiégea, sans succès, la ville d'Aubenas. Elle fut alors accordée aux protestants pour y exercer librement leur culte.

En 1564, les religionnaires de Villeneuve-de-Berg passèrent au fil de l'épée la garnison catholique du château d'Aubenas.

En 1587, cette ville fut saccagée par Montlaur qui commandait les troupes catholiques du Vivarais.

Chambaud, capitaine religionnaire, la reprit bientôt après.

Aubenas fut encore pris, perdu et repris par les catholiques.

Enfin, la prise de Vals et les désordres causés par les huguenots d'Aubenas, obligèrent M. d'Ornano de revenir à Aubenas en 1627. Mais cette fois il fit tant d'impôts sur les protestants de cette ville, qu'il les força tous à se faire catholiques, et depuis lors pas un d'eux n'est revenu à la religion réformée.

Le château d'Aubenas fut encore assiégé en 1670, lors de la fameuse révolte de Roure.

Mais laissons là ces tristes souvenirs de guerres civiles, vous trouverez plus de plaisir à visiter en touriste, ou plutôt en géologue, cette riante et fraîche vallée de l'Ardèche, dont l'air salubre et parfumé vous était si naturel à l'époque où vous étiez mon guide et mon maître en géologie. Déjà je sens tressaillir mon cœur en écrivant ces mots. A nos premières relations scientifiques se rattachent tant et de si doux souvenirs !....

D'ailleurs la passion de la géologie est ardente comme celle de l'amour. L'amant passionné se plaît à parler sans cesse de l'objet qu'il aime, car il a besoin d'épancher le sentiment qui lui remplit le cœur.

Pour moi, il ne me suffit pas d'avoir exposé mon nouveau système de cosmogonie et de géologie à Paris, devant toutes les illustrations de la société géologique de France et de l'académie des sciences (1), je sens qu'il manque encore à mon bonheur le plaisir d'exposer sur les lieux mêmes mes nouvelles observations géologiques à celui qui les a tant encouragées.

L'assise supérieure du calcaire compacte sur lequel est bâtie la ville d'Aubenas, forme l'assise inférieure d'un banc de calcaire à bélemnites qui, dans l'Ardèche, représente l'étage de la grande oolithe. Ce calcaire à bélemnites est tantôt teint en rouge par du fer oxidé quelquefois exploitable,

(1) Cet ouvrage remarquable de M. Dalmas est intitulé la Cosmogonie et la Géologie, basées sur les faits physiques, astronomiques et géologiques, qui ont été constatés ou admis par les savants du 19e siècle, et leur comparaison avec la formation des cieux et de la terre selon la *Genèse*. L'auteur ne s'est pas borné à traiter la *Géologie*, *l'Astronomie et leurs comparaisons avec le récit de Moïse;* sous une forme méthodique et élémentaire à la portée de toutes les intelligences, il a encore joint à son livre un dictionnaire des termes scientifiques et 157 figures très bien dessinées, afin de montrer aux yeux du corps ce qui pourrait passer inaperçu aux yeux de l'esprit.

Dans l'explication, si simple et si naturelle, qu'il a donnée de la formation de la terre et des corps célestes, il a eu le bonheur inouï jusqu'à ce jour, de ne jamais s'écarter des faits physiques, astronomiques et géologiques, constatés ou admis par les savants modernes, ni de la doctrine de l'Eglise catholique, et d'obtenir par là l'approbation unanime des savants du monde, de Monseigneur l'évêque de Viviers, etc., etc. De l'aveu de tous, cet ouvrage de génie et d'observations exactes, vient de réduire à néant toutes ces brillantes hypothèses qui supposaient toutes les masses terrestres et tous les corps célestes originairement incandescents, ou se formant par l'action d'agents surnaturels, ou en vertu de lois physiques différentes de celles qui les régissent et les modifient encore de nos jours. Cet ouvrage fera époque

comme à Veyras, près Privas, etc., tantôt noirâtre par l'effet de la carbonisation de végétaux monocotilédons qu'on y trouve, et tantôt blanc et même à l'état de véritable grès, comme au moulin de Rosière et à l'Escrinet.

Il est recouvert, au sud, par les marnes oxfordiennes, grises et feuilletées, qu'on exploite dans les tuileries de Saint-Etienne-de-Fontbellon, Lachapelle, Uzer, Rosières, etc. A l'est, il est séparé du lyas exploité dans les fours à chaux de M. d'Hautségure, par une dislocation produite par le soulèvememt de la Côte-d'Or qui, dans l'Ardèche, a relevé, de l'ouest et à l'Est, tous les terrains stratifiés jusqu'au terrain néocomien.

Dans cette dislocation, on voit sur la route nationale N° 102, près la maison Mazade, un puissant filon de basalte à la fois piroxénique et péridotique (comme celui de Crau et de Coupe-

dans les sciences naturelles qu'il vient de placer sur de nouvelles bases déjà adoptées par de grands savants.

Il se vend 6 francs, à *Rosières*, près Joyeuse, chez l'Auteur.

A Aubenas, chez M. Plancher aîné, libraire.

A Privas, chez M. Reymondon, architecte du département.

A Viviers, chez M. Vacher, libraire du grand séminaire.

A Paris, chez M. Bachelier, imp.-lib. du bureau des Longitudes et de l'Ecole polytechnique, etc., quai des Augustins, 55.

Au Puy, chez M. Jacquet; libraire.

A Valence, chez M. J. Marc Aurel, imprimeur-libraire, rue de l'Université, 9.

A Lyon, chez M. Brun, libraire, rue Centrale, 26.

Et chez tous les Libraires des grandes villes de France et de l'étranger.

d'Etain, canton d'Antraigues), par lequel a fini l'émission du basalte pyroxénique et antédiluvien des plateaux du Coiron, du Mézenc et du Mégal, et a commencé l'émission du basalte péridotique et post diluvien, dont les coulées ont eu lieu sur le lit de l'Ardèche, de la Loire et de leurs affluents.

A la maison Mamarot se trouve la ligne de séparation du lyas d'avec les grès infraliasiques qui continuent, sans interruption, jusqu'au pont de Lautaret, où apparaît une bande de granite porphiroïde, à gros cristaux de feldspath blanc et rose.

L'origine des deux grandes fissures par lesquelles le ruisseau de Mercuer et la rivière d'Ardèche pénètrent du bassin de Mercuer dans celui du Pont-d'Aubenas, est due à des dislocations du sol, comme l'indiquent plusieurs stries, polies et verticales, produites par frottement et surtout la différence de niveau des diverses fractions de l'étage du Lyas. Cette différence de niveau, indépendamment de l'inclinaison générale des couches de l'ouest à l'est, est très-sensible à quelques pas avant d'arriver au pont de Biés. Là un banc de marnes noirâtres, par lequel on voit commencer l'étage des grès infraliasiques, aux Salelles, à la Crotte de Rosières, à Largentière, à Ucel, à Creisselles, au pont de Bourdely, près Privas, etc., se trouve relevé au-dessus des plus hautes assises du grès infraliasique dont on tire des pierres de taille, en deçà et en delà du pont de Lautaret.

Mais l'élargissement de ces deux fissures creusées dans le grès, par le ruisseau de Mercuer et par la rivière d'Ardèche, est dû principalement à l'érosion incessante des eaux et aux grandes débacles diluviennes.

L'effet de l'action érosive des eaux est presque aussi remarquable sur les granites et les gneiss, très durs, de Malpas, où la route nationale N° 102 serpente en plaine, entre la rivière d'Ardèche et l'escarpement qui termine la chaîne granitique du grand Tanargue.

J'ai reconnu que cette chaîne fut formée à la fin du terrain anthraxifère relevé aux environs de Largentière, par l'émission du granitique porphiroïde, qu'on voit aux Ranchisses de Largentière, s'étendant à l'ouest, vers Saint-Laurent-les-Bains et le mont Lozère, et apparaissant, à l'est, dans la rivière du Mézajon et aux pieds des hauteurs qui s'élèvent entre l'Ouvèze, l'Erieux et le Doux, partout où il y a eu érosion ou fracture du schiste micacé qui le recouvre.

Le dépôt de la houille et du grès houiller sur le gneiss, dans le bassin de Prades, Nièglès et Jaujac, est dû au surgissement de cette grande chaîne granitique, qui se dirige, de l'ouest un peu sud, à l'est un peu nord, par les hauteurs de Saint-Laurent-les-Bains, Loubaresse, Lachampdu-Cros, Millet, Prunet, Lavallette et Alhon, jusqu'à la Bégude.

La mer jurassique au milieu de laquelle le plateau central de la France apparaissait alors comme une île, n'a jamais pu franchir cette grande barrière. J'ai suivi les bords de son ancien rivage autour du plateau de granite porphiroïde du Petit-Paris, à Saint-Jean-de-Pourcharesse, Faugères, Planzolles, Saint-André-Lachamp, la Tour de Brison, Tauriers, Chassiers, Alhon, Ucel, Saint-Julien, Saint-Etienne-de-Boulogne, Gourdon et la rivière d'Auxenne jusqu'à l'Erieux.

Mais du côté du midi la formation jurassique est recouverte par le terrain néocomien, depuis Bérias jusqu'à Baix, sur le Rhône, en suivant exactement le cours des rivières de Chassezac, d'Auzon et de Peyre, comme je l'ai tracé sur ma carte géologique de l'Ardèche.

Lorsque l'apparition du granite porphiroïde eut soulevé, redressé, refoulé ou disloqué en mille sens différents, le granite gris à petits grains, le gneiss et les dépôts de la mer cambrienne, alors des matières minérales s'introduisirent dans les fentes par sublimation et par infiltration. Tel est la première origine de la plupart des éléments aujourd'hui entraînés ou tenus en dissolution par les sources thermales et minérales de Vals, de Celles, de Neyrac, de Saint-Laurent-les-Bains (Ardèche), et de Bagnols (Lozère). On conçoit que la quantité et le nombre des principes minéralisateurs doivent varier dans ces diverses sources selon la nature différente des rochers d'où elles sourdent, selon la facilité plus ou moins grande avec laquelle l'eau peut décomposer et entraîner soit la matière bitumineuse, soit les chlorures, les corbonates ou bicarbonates, enfin selon la profondeur souterraine d'où chaque source provient; car la chaleur croissant graduellement à mesure qu'on descend plus profondément dans l'intérieur de l'écorce terrestre, les sources les plus profondes doivent être plus chaudes et tenir, par suite, en dissolution des éléments que l'eau froide ne peut dissoudre.

Aussi vous verrez par la lecture des analyses des eaux de ces diverses sources, que chacune d'elles contient des principes particuliers ou en quantité différente, et, par là même, possède des vertus thérapeutiques différentes, ou bien, plus ou moins énergiques.

Mais je m'aperçois que je sors du domaine de la géologie, pour empiéter sur la chimie et la minéralogie qui sont votre spécialité. Je vais me borner à vous dire ici que les cinq sources minérales de Vals, et même une sixième inconnue, qui passe dans la prairie de Mme Durand, sourdent toutes des fissures d'une roche quartzeuse, d'abord déposée horizontalement au milieu d'une roche granitique métamorphisée, à laquelle on peut donner le nom de grès cambrien, de même qu'on peut donner celui de marnes cambriennes feuilletées aux schistes micacés déposés dans la même mer.

Vers la fin du dépôt antrhaxifère des environs de Largentière, cette roche quartzeuse qui s'avance aujourd'hui en forme de digue dans la rivière de la Volane, fut redressée de l'ouest à l'est par l'apparition du granit porphiroïde. Ensuite, à mesure que l'Ardèche et la Volane ont creusé leur lit dans le grès infraliasique et dans les granites, des filets d'eau descendant des montagnes granitiques qui encaissent la Volane, ont pu s'introduire dans les diverses strates quartzeuses et gréseuses et s'y charger de matières minérales qui leur communiquent leurs vertus médicales. Les eaux de Saint-Laurent-les-Bains et de Celles ne coulent pas entre les strates redressées du terrain cambrien, mais plutôt dans des fentes de dislocation qui traversent le granit gris et le schiste micacé.

A Saint-Laurent, j'ai vu, sous le village, une de ces dislocations du sol remplie par un magnifique filon de chaux fluatée.

A Celles, les dislocations qui reçoivent les eaux minérales contiennent de la galène de plomb, exploitée sur divers points par M. le docteur Barrier.

Les eaux à la fois thermales et minérales de Neyrac, sourdent au contraire à travers mille petites fissures d'un granite rose, porphiroïde, dont la sortie a relevé le gneiss, de l'est à l'ouest, comme on peut le voir dans l'intérieur du village, et surtout dans la rivière d'Ardèche, à la prise d'eau de la fabrique de M. Tarandon.

Plus tard, vers le commencement de l'époque alluvienne moderne ou historique, la grande éruption du cratère du Soulhol, qui a produit la coulée de basalte bleu à petits grains de Péridot du Pont-la-Beaume, a du sans doute aggrandir certaines fissures ou dislocations par où sourdent les eaux thermales de Neyrac, et leur communique alors des éléments particuliers aux terrains volcanisés, tels que cette grande abondance de gaz acide carbonique qui s'échappe à gros bouillons à la surface des eaux, et qui se dépose en si grande abondance, dans les curieuses moffetes de Neyrac.

Mais n'anticipons pas l'histoire et la description des Volcans des environs de Neyrac.

Nous allons saluer avant dîner la patrie de Victorin et d'Auguste Fabre, et nous mêler un moment à cette foule de buveurs qui se presse autour des eaux minérales de Vals. Là finira notre première course, car le cratère de Coupe-d'Aizac, et les basaltes prismatiques d'Antraigues tant vantés, n'ont rien de beau que nous ne trouvions encore plus beau dans les cratères et dans les coulées prismatiques des rives de l'Ardèche. Les basaltes de Crau, près d'Antraigues, et de Coupe-d'Etain, près du château de la Bastide, présentent seuls un fait assez rare que personne n'a encore mentionné.

C'est l'association, dans les mêmes blocs, d'une grande quantité de gros cristaux de pyroxène noir et de péridot vert, que certains minéralogistes ont dit être antipathiques.

Toutes les beautés de Vals se réduisent à son site pittoresque sur la Volane, au pied de fertiles coteaux plantés de mûriers, d'oliviers ou de vignes, et couronnés de châtaigniers séculaires. Cependant nous ne pouvons traverser le beau pont suspendu sur l'Ardèche, sans jeter un coup d'œil sur les restes d'une tour carrée que les huguenots de Vals commencèrent de bâtir, en 1621, au milieu de la rivière d'Ardèche, pour défendre le passage de leur bac, et la route du Languedoc en Auvergne.

Le duc de Montmorency ordonna aux habitants de Vals de faire cesser cette construction, et, sur leur refus, il marcha sur Vals avec 3 pièces de canon. Cette place s'étant alors soumise, elle fut confiée à d'Ornano, qui fit fortifier la tour bâtie sur la rivière, et y mit un capitaine avec des soldats corses. Le 22 décembre 1627, les huguenots de Vals invitèrent ce capitaine à un dîner; mais au moment qu'il s'y rendait sans méfiance, avec la plupart de ses soldats, il fut massacré avec les siens, par le capitaine Lasagesse, qui s'était embusqué, à dessein, dans une maison voisine. Trois soldats qui gardaient le fort y furent blessés, et les protestatants de Vals s'en emparèrent de nouveau. Après la perte de ce fort important pour le Vivarais, le commerce y fut interrompu et les pillages y devinrent fréquents.

En 1628, M. de Montmorency revint à Aubenas et fit semblant de marcher sur Vals où commandait Chambonnet, fils naturel de M. de Brison.

Chambonnet, effrayé, consentit à rendre cette place moyennant 3,000 écus. Vals fut alors confié à M. Ducros.

C'est à dessein que je ne porte ici mes regards que sur les monuments de l'homme, ou de la nature, qui me rappellent l'histoire ancienne des révolutions politiques et physiques de ma patrie. Tous les hommes, disait Châteaubriand, ont un secret attrait pour les ruines. Ce sentiment tient à la fragilité de notre nature, à une conformité secrète entre ces monuments détruits et la rapidité de notre existence. D'ailleurs, je vois la main meurtrière de l'homme et du temps, modifiant partout la surface de la terre, et emportant les derniers restes de nos châteaux forts, tandis que l'histoire de leur existence reste encore ensevelie dans la poussière de leurs ruines, ou du moins fort incomplète dans les annuaires de l'Ardèche, comme dans les mémoires des historiens du Vivarais.

Je me croirais heureux, si je pouvais inspirer à mes compatriotes le goût d'étudier les faits géologiques qui ont tour à tour changé la nature du sol et la configuration des montagnes et des vallées qu'ils habitent; si je pouvais leur faire comprendre qu'il n'est pas digne de l'homme créé à l'image de Dieu, de vivre et mourir, comme les êtres privés de raison, sans s'être jamais demandé quel est donc ce soleil qui t'éclaire? quelle est cette atmosphère qui t'environne? quelle est cette terre de tribulations où tout s'agite et disparaît au bout de quelques jours?

L'apathie des Ardéchois pour les sciences naturelles, m'afflige et me décourage, jusqu'au point que je suis tenté d'ajourner la publication de ma Géologie de l'Ardèche; car personne n'aime à faire la guerre à ses dépens.

Adieu, jusqu'à ma prochaine lettre; votre amitié et l'étude de la nature sont pour moi comme des fleurs aux parfums suaves, au sourire gracieux, que je me plairai toujours à cultiver sur le désert de la terre.

J.-B. DALMAS.

Rosières, le 5 mai 1852.

IIe LETTRE A M. BOURSIER.

Aujourd'hui n'oubliez pas vos crayons. Nous allons pénétrer dans le sanctuaire des merveilles de la nature, au milieu des massifs granitiques où l'Ardèche, captive, se déroule tantôt comme un serpent au milieu des prairies et tantôt se précipite en mugissant dans des abîmes affreux.

Nous n'aurons plus le vaste horizon des terrains sédimentaires que les révolutions physiques ont épargnés. A peine les rayons du soleil levant peuvent-ils pénétrer jusqu'au fond de cette vallée étroite que l'Ardèche ne cesse de creuser de plus en plus depuis le commencement de l'époque houillère.

Mais laissons derrière nous, sans regret, les brûlantes plaines du Midi où l'œil fatigué repose toujours sur les mêmes espèces de moissons et d'arbres couverts de poussière et flétris par l'ardeur d'un soleil tropical.

Ici la nature est plus pittoresque, plus fraîche, plus romantique et plus varié dans ses produits. On y voit le bien et le mal distribués comme dans le monde moral. Sur les montagnes escarpées qui se dessinent en plis tortueux, suivant le cours de l'Ardèche, le cerisier, le frêne, le noyer et le châtaignier, se cramponnent vigoureusement dans les fentes de la roche et nous cachent une partie de sa nudité. Chaque ravin a sa petite fontaine de cristal, ses tapis de verdure et de fleurs.

Enfant des Cévennes, j'aime ce tableau varié de verts gazons, de jardins, de vergers peuplés d'arbres fruitiers, cachant sous un demi jour l'habitation champêtre et de vignobles suspendus, sur les coteaux comme des gradins d'amphithéâtre. J'aime les bois de châtaigniers au feuillage vert-tendre qui couronnent les hauteurs, et les prairies toujours riantes de fraîcheur qui bordent les rives de la claire rivière où l'aulne et le peuplier se baignent voluptueusement. J'aime à voir l'oiseau au tendre ramage se jouant, heureux, dans le feuillage, et l'hirondelle au vol capricieux effleurant l'eau du bout de l'aile. La voix de cette nature agreste a pour moi une poésie que je préfère aux beautés créées par l'industrie de l'homme : mon cœur a pour elle un sentiment d'amour, tandis que je n'ai qu'un sentiment d'admiration pour ces vastes papeteries, ces belles et nombreuses filatures et fabriques à soie qui y sont établies depuis moins d'un demi siècle.

La belle route nationale que nous suivrons de la Bégude à Neyrac est venue remplacer, au XVIIIe siècle, l'antique et périlleux grand chemin du Vivarais en Auvergne, que suivit Jules-César, l'an 52 avant Jésus-Christ, lorsqu'il traversa les Cévennes pour aller combattre le fameux Vercingentorix, chef des Auvergnats insurgés. Cette voie romaine qui porte encore, à Montpezat, le nom de Chemin du Roi ou de César (1) traversait l'Ardèche au bac de la Bégude qu'a remplacé le pont suspendu, cotoyait les montagnes jusqu'à la tour de Sétias, détruite en 1621 par M. Ducros, capitaine catholique, traversait la Fontaulière sur un pont en pierres dont une culée reste encore debout à un kilomètre en amont du village du Pradel, et de là montait vers le château de la Croisette de Meyras, appartenant à M. de Galimard, du parti protestant.

Mais nous reviendrons bientôt sur cette voie romaine et sur le château de la Croisette qu'on a confondu avec le château du duc de Ventadour, du parti catholique.

Des considérations du plus haut intérêt engagèrent les états du Languedoc à construire la belle route nationale n° 102, de Viviers à Clermont, par Aubenas. Elle ouvre un débouché facile

(1) On y a trouvé deux haches druidiques et un grand nombre de pièces romaines, comme je l'ai mentionné dans l'Annuaire de l'Ardèche de 1841, à l'article : *Montpezat.*

aux houilles sèches du bassin de Prades, aux bois de construction et de chauffage de l'immense forêt domaniale de Bauzon et aux divers produits du Vivarais, de la Provence, du Languedoc, de la Haute-Loire et du Puy-de-Dôme. Le commerce qui s'y fait sur une vaste échelle est une grande source de prospérité et de civilisation pour ces pays séparés par la grande chaîne des Cévennes. Maintenant des voitures publiques circulent tous les jours dans cette vallée d'Ardèche autrefois inaccessible sur plusieurs points : maintenant enfin une vie nouvelle, la vie des arts, du commerce et de l'industrie anime ces lieux autrefois déserts qui n'ont rien perdu de leurs charmes, en perdant leur solitude.

Voyez-vous ce clocher qui s'élève dans le lointain comme un phare sur la rive gauche de l'Ardèche? C'est le clocher du prieuré de Nieigles dont le revenu fut cédé en 1307, par l'évêque de Viviers, à Jean, évêque du Puy, en échange de la mouvance de la ville de Largentière qui appartenait à ce dernier.

Maintenant nous voici en face des ruines encore formidables du château de Ventadour, posé comme un nid d'aigle à l'extrémité de l'escarpement granitique aux pieds duquel la Fontaulière se joint à l'Ardèche déjà grossie par le Vignon.

La puissance féodale se reflète encore tout entière et pleine de vie, dans la solidité et la disposition stratégique de ce château-fort et des tours de défense qui l'environnent ou qui s'avancent en sentinelles perdues sur les flancs de l'escarpement.

Une porte armée d'un pont-levis, surmontée d'une tour arrondie en cul-de-lampe et défendue par plusieurs tours voisines, toutes garnies de meurtrières et de créneaux, ouvrait seule l'entrée du château du côté du nord. A l'ouest, au sud et à l'est, l'accès était d'ailleurs interdit par des rochers inaccessibles et par les rivières d'Ardèche et de Fontaulière sur lesquelles il n'existait alors, ni pont, ni passage à guet.

Ce sont encore les états du Languedoc qui firent construire le pont de la vieille route du Pont-la-Beaume à Montpezat, et un autre pont dont on voit les deux culées entre Pourtaloup et le château de Ventadour; mais ce dernier pont fut détruit, avant même d'être décintré, par la malveillance des habitants de Pourtaloup; ce qui engagea l'administration à construire la chaussée et le beau pont de Rolandi, de l'autre côté, sur l'Ardèche.

La fondation du château de Ventadour se perd dans la nuit des temps. Je veux bien admettre avec le gracieux auteur des souvenirs de l'Ardèche, qu'il prit le nom de Ventadour en 1336, lors du mariage de Jamaque, fille de Guiguonet-Guigon, avec Philippe de Lévis-Ventadour; mais je ne saurais admettre qu'il ait jamis porté le nom de château de la Croisette, et encore moins que le château de la Croisette de Meyras, situé sur le grand chemin du Vivarais en Auvergne, et distant seulement de deux mousquetades de ce village, fut en 1626, suivant l'auteur des commentaires du soldat du Vivarais : « La maison du sieur baron des Eper-« viers, rebelle, qui y avait mis garnison. »

D'après la matrice cadastrale de Meyras, dressée en 1635, et plusieurs titres authentiques produits dans le procès des habitants de l'Alizier, contre ceux de Saint-Cirgues-en-Montagne, il est constant et positif que le château de la Croisette de Meyras dont il reste encore quelques vestiges au quartier de la Croisette, et précisément au point où l'ancien grand chemin du Vivarais en Auvergne se croisait avec un autre chemin qui, d'un côté, se dirigeait vers Jaujac et Largentière, par le pont si pittoresque de la Taillade, et de l'autre vers Burzet et Juvinas, par le pont de Veyrières, était la propriété du sieur de Galimard qui soutenait alors le parti protestant et que le château de Ventadour (dont relevait le fief des Portes), de même que tout le terrain de l'extrémité sud de la commune de Meyras sur laquelle était bâti ce château, à plus de quatre kilomètres de distance du chef-lieu, étaient alors la propriété du duc de Ventadour, l'un des plus zélés défenseurs du parti catholique. (Nous lisons, en effet, dans l'Annuaire de l'Ardèche de 1830, que ce duc de Ventadour rendit au Bourg, le 13 juillet 1621, une ordonnance portant que les murailles, portes et tours de la ville du Cheylard dont il était le seigneur, seraient démolies, attendu que les huguenots, sous la conduite du sieur Blacon, avaient tenté de s'emparer du château de cette ville.)

Il résulte des titres précités, qu'en 1435, Jacqueline Dumas, tutrice de Gilbert de Lévis, duc de Ventadour, possédait en cette qualité, la baronie des Eperviers qui forme aujourd'hui la commune de St-Cirgues-en-Montagne. Il y est mentionné qu'elle habitait, durant l'été, son château des Eperviers dont les ruines se voient encore dans le village de ce nom, tandis qu'en hiver elle résidait, tantôt dans le château de Ventadour, au mandement de Meyras, et tantôt dans celui de la Voulte qui passa. depuis le 15 février 1694, jusqu'en 1790, à la maison de Rohan-Soubise, par le mariage d'Anne-Geneviève de Lévis, duchesse de Ventadour, avec le prince de Rohan.

Ce Gilbert de Lévis, baron des Eperviers et duc de Ventadour, est l'aïeul de Gilbert de Lévis, duc de Ventadour qui se distingua sous Henri III, dans les premières guerres civiles du Vivarais, et fonda le collége d'Annonay, par acte devant Boiron, notaire, en juillet 1590.

Joignez à ces titres authentiques ces faits non moins positifs, 1° que le château de Ventadour n'a jamais été rasé, et qu'il n'était pas placé sur le grand chemin du Vivarais en Auvergne, mais à l'extrémité d'une montagne très-escarpée et sans issue aucune du côté d'Aubenas; 2° qu'il avait seulement un sentier rapide pour aboutir à son fief des Portes où était construit un moulin à farines, banal, sur l'emplacement actuel de la fabrique à soies de M. Ricard, et un autre sentier étroit et périlleux dont on suit encore les traces sur la crête de la montagne jusqu'à sa jonction au grand chemin du Vivarais, au quartier de la Croisette. Au contraire, le château de la Croisette de Meyras était situé sur le grand chemin du Vivarais en Auvergne, comme l'indiquent encore les traces reconnaissables de ce chemin, et il fut rasé de fond en comble, en 1626, par 300 catholiques réunis dans les environs, sous la conduite du sieur des Alras, seigneur d'un petit fief du mandement de Montpezat, où son frère était prieur. Il ne reste plus aujourd'hui de ce dernier château qu'une partie de voûte souterraine, des tronçons de colonnes de gneiss. et le portail placé pour porte cochère de la basse-cour de la maison de M. Giraud Clauzel qui est l'ancienne maison de M. Des Arcis, possesseur des biens de M. de Galimard.

Fidèle à rappeler le souvenir des ruines anciennes de mon pays, je ne peux quitter Meyras, si voisin de Neyrac, sans vous parler d'un vieux temple qui y fut construit, sous la domination romaine, en l'honneur de la chienne Méra, métamorphosée par Jupiter en une constellation qu'on appelle la Canicule. Le souvenir traditionnel du temple de Méra qui a donné son nom à Meyras, et dont on a trouvé les vestiges au quartier dit du Temple, derrière la maison Comboulhaud, vient corroborer cette autre tradition que les eaux thermales et minérales de Neyrac si fréquentées du temps des Croisades (au XIe siècle) étaient déjà connues des Romains, dont nous trouvons une infinité de médailles dans les anciennes ruines et même dans les champs. J'en ai pu recueillir moi-même plusieurs douzaines à Montpezat ou dans les environs, et chaque jour les paysans qui trouvent de ces pièces de monnaie couverte de rouille ou de vert-de-gris les jettent en offrande dans les bassins et les troncs des églises.

Il y a, en effet, entre le Temple de la Canicule ou Méra, à Meyras et la piscine des lépreux, à Neyrac, dans la même commune, le rapport qui existe tout naturellement entre la cause du mal et son remède, c'est-à-dire, entre les malfaisantes chaleurs de la canicule, causes immédiates ou éloignés de la lèpre et d'autres maladies, et les bains rafraîchissants de Neyrac qui en sont le remède assuré.

J.-B. DALMAS.

Rosières, le 15 mai 1852.

IIIe LETTRE A M. BOURSIER.

Ici je n'ajouterai rien à l'historique des thermes de Neyrac : il est assez connu par les prospectus de M. Reymondon et par les écrits du docteur Ambry d'Aubenas, de Faujas de Saint-Fond, de Giraud-Soulavie, d'Ovide de Valgorge, d'Albert Duboys, etc.

La meilleure garantie de leurs vertus médicales sera pour vous l'analyse des eaux de la source des bains soumise à l'Académie des Sciences, par M. Mazade, habile chimiste de la ville de Valence.

Il est évident qu'on doit attendre des effets extraordinaires d'une eau thermale et minérale qui contient, dans sa constitution physique, 24 principes minéralisateurs, parmi lesquels 10 sont communs à toutes les eaux minérales, 4 s'y trouvent rarement (la lithine, la strontiane, le manganèse et le bitume) et 10 s'y montrent pour la première fois (la glucine, litria, le cerium, le lanthane, le dydime, le molybdène, le tantale, le tungstène, l'étain et l'acide mellitique) (1).

La grande quantité de matières minérales qu'elle dépose lui a fait donner le nom de Neyrac, composé du mot AC, eau (*aqua*), et de l'adjectif Neyre, noire ou trouble (nigra), encore employé par les montagnards des Cévennes dans Combe-Neyre, hameau bâti sur le revers le plus obscur d'un plateau volcanique de la commune de Saint-Clément, dans Neyre-Nuit, hameau enfoncé dans les bois, commune du Cros-de-Georand, etc.

Le *Courrier de la Drôme et de l'Ardèche* fait dériver l'étymologie de Neyrac, du mot AC, eau (*aqua*) et de l'adjectif néreïa, de Nérée, Dieu des eaux.

« Dans la vallée si pittoresque de l'Ardèche, » dit-il dans son numéro du 30 août 1851, au » centre des volcans éteints du vivarais, à quel- » ques kilomètres seulement de la ville d'Aubenas, » existaient dans l'antiquité et dans le moyen âge » des thermes célèbres par la vertu thérapeutique » de leurs eaux, qui reçurent en conséquence le

(1) L'Académie de médecine de Paris, dans sa séance du 29 juin 1852, vient d'autoriser l'exploitation des Eaux de Neyrac.

On remarque ce passage à la fin du rapport de sa commission : « La composition de l'Eau minérale de Neyrac (source » des bains) la place donc parmi les eaux acidules-alcalino- » terreuses et ferrugineuses. Elle est remarquable en outre par » la présence de principes qui n'avaient point encore été si- » gnalés dans les Eaux minérales. »

» nom de Néreïa (de Nérée ou Néréeïdes, Dieu
» ou déesses des eaux).

« Les modernes en ont fait Neyrac, connu » jusqu'à ce jour par les habitants des environs, » ou par quelques personnes seulement s'occupant » de la chronologie et de l'histoire naturelle du » Vivarais.

« La destruction de l'ancienne maladrerie de » Neyrac, de la chapelle de St-Lager, patron de » cet établissement, lors des guerres de religion » qui ont ensanglanté ces contrées, la difficulté » des communications avec la rive gauche de » l'Ardèche ont rendu l'usage de ces eaux pure- » ment local et ce n'est que depuis quelques an- » nées et surtout depuis le nouvel établissement » improvisé par M. Reymondon qu'elles marchent » à grands pas, vers leur ancienne célébrité. »

Les sources de Neyrac, au nombre de six, sont toutes réunies dans un segment de cercle ayant à peine 40 mètres de rayon, sur 30 de corde.

La source, dite des lépreux, sourd au pied même d'une roche de granite porphyroïde, rose, qui se développe tout autour en hémicicle gracieux, comme les amphithéâtres romains. Sa température est de 15 degrès 5 dixièmes, celle de l'air atmosphérique étant de 21 degrés centigrades. Cette antique piscine, entourée d'une maçonnerie grossière de 5 mètres de longueur sur 4, 50 de largeur, nous rappelle les temps primitifs de la piscine de

Siloé. C'est là que les personnes atteintes de la lèpre importée en France, par l'invasion des Sarrasins et par les croisades, venaient se baigner en commun et en plein air, assis sur des bancs de chêne vert parfaitement conservés et faisant corps avec la maçonnerie.

A côté, sur la gauche de l'entrée des bains était autrefois une petite chapelle dédiée à Saint-Lager, cardinal légat du St-Siège, mort assassiné au commencement du XIIme siècle, dans un lieu inconnu du Vivarais et honoré comme martyr, par l'Eglise de Viviers. Telle est du moins l'opinion du spirituel auteur des *Souvenirs de l'Ardèche* (M. Ovide de Valgorge).

Pour moi, j'ai lieu de croire que le nom de Saint-Lager n'est qu'une corruption de celui de Saint-Lazare, mendiant que l'Évangile de Saint-Luc nous montre couvert d'ulcères et souffrant de faim à la porte du mauvais riche.

Tout dans ce lieu, autrefois solitaire, nous retrace, en effet, le souvenir de la pauvreté et des infirmités humaines : surtout la vue de cette piscine rustique, à ciel ouvert et en gros blocs granitiques à peine dégrossis ; et ce rocher où les lépreux allaient ensuite se sécher au soleil et qui porte encore pour cela le nom de *Ban dei ladres*.

Neyrac n'était pas alors comme aujourd'hui un de ces établissements à la moderne avec des cabinets de douches et de bains chauds dont on peut varier la température selon le besoin ou le bon plaisir de chacun ; avec un hôtel, des restaurants et des cafés où les oisifs des villes trouvent ces plaisirs et ces habitudes confortables et luxueuses qui sont pour eux, le bonheur et la vie ; avec un médecin habile et prévenant qui prodigue aux malades ces soins attentifs, et cette sollicitude inquiéte qui sont dans leur position une nécessité première.

Autrefois on ne venait chercher à Neyrac que la santé ; aujourd'hui on y vient chercher, avec l'air balsamique des montagnes, la distraction et les plaisirs naïfs qu'on trouve toujours dans le sans-gène et la désinvolture de la vie des champs. Les belles dames elles-mêmes y quittent volontiers un instant le ton cérémonieux et guindé de la ville pour y prendre des allures plus vives et plus naturelles dans des parties de jeux et de plaisirs champêtres. La joie éclate surtout au milieu des divers groupes de jeunes villageois qui dansent les ronds ou la bourrée du pays, parfois même la contredanse, la valse ou la polka, au son du tambourin, du violon ou du hautbois.

Pour les personnes plus sérieuses, Neyrac possède maintenant des promenades, des terrasses et des parterres ombragés d'arbres étrangers disposés avec symétrie tout autour des bains, et faisant le plus heureux contraste avec les bois, les prés et les champs d'alentour, peuplés d'énormes châtaigniers, de noyers, de saules, de vignes, de mûriers et d'arbres fruitiers en plein vent.

Ajoutez à cela, un ciel tempéré et pur comme un ciel d'Italie, la vue magnifique de la route nationale et de la rivière d'Ardèche aux eaux de cristal et d'azur et puis le panorama des sites les plus pittoresques et des scènes les plus imposantes de la nature.

C'est ici surtout que se dévoile l'histoire si intéressante des volcans du Vivarais. La superposition de leurs coulées qu'on peut suivre, pas à pas, jusques aux divers cratères qui les ont vomies, nous indiquera positivement l'âge relatif de chacun d'eux.

Mais avant cet examen, il est bon de vous faire une juste idée des volcans. Ce ne sont pas, comme on le croyait autrefois, des cheminées d'un immense foyer occupant le centre de la terre. Bien loin de là : j'ai démontré jusqu'à l'évidence dans ma Cosmogonie et Géologie, basées sur les faits physiques, que l'incandescence de la terre provient de l'oxidation qui a commencé par les couches supérieures et que le foyer de cette incandescence et des volcans actifs existe dans des couches terrestres peu profondes, précisément là où l'eau qui s'infiltre à travers les fissures et les interstices de la croûte oxidée, se trouve décomposée au contact des métaux alcalins qui absorbent son oxi.ène.

Il suit de là que l'incandescence devient plus ou moins énergique et produit des effets bien différents, selon que les décompositions chimiques sont plus ou moins abondantes.

Par exemple, lorsque de grandes masses d'eaux (marines ou autres) sont entièrement décomposées par les métaux alcalins, alors leur hydrogène se dégage ordinairement à l'éclat de flammes par les cratères volcaniques, tandis que leur oxigène reste combiné avec les bases métalliques des terres et des alcalis. Au contraire, leurs cratères rejettent tantôt des eaux chaudes, lorsque les métaux alcalins n'absorbent qu'une partie de l'oxigène des eaux introduites, tantôt des matières boueuses, lorsque des carbonnates et des oxides terreux ou métalliques y sont dissous à la faveur de l'acide carbonique et des bicarbonates alcalins. Ces faits m'ont surtout frappé dans l'examen des volcans de la Vestide du Pal et du lac d'Issarlès où les déjections boueuses ont plusieurs fois alterné avec des déjections de matières ignées et ont laissé autour des cratères de grands dépôts stratifiés.

Assurément les habitants du village de Neyrac, ne se doutent pas d'avoir à côté d'eux un volcan en activité. Ils ne se doutent pas non plus que la température de 27 degrès centigrades, soit communiquée à leurs eaux thermales, en partie par la haute température des lieux profonds d'où elles sourdent et en partie par la décomposition incessante, soit de l'eau au contact des matières métallique, soit des carbonates et des oxides (notamment des pyrites) à la faveur de l'acide carbonique et des bicarbonates alcalins.

Maintenant ils ne seront plus étonnés de la grande quantité de travertin, ou tuf calcaire que les eaux de Neyrac déposent incessamment sur leur lit, à mesure que le gaz carbonique s'en dégage à gros bouillons et que leur chaleur diminue en s'éloignant des sources.

Le bicarbonate de soude et le carbonate de chaux qui entrent pour les deux tiers au moins dans la constitution de ce travertin, durcissent au fond même des eaux de l'Ardèche où ils unissent, comme un ciment hydrautique, le sable et les cailloux qu'ils transforment bientôt en un poudingue indestructible.

C'est sur ce poudingue qu'on a posé les piles du pont de Neyrac sur l'Ardèche. J'ai déjà exposé à la page 33 de mon ouvrage de cosmogonie et géologie, que le banc de travertin déposé sous la coulée volcanique, à 100 mètres en amont du pont de Neyrac est identiquement le même que le banc supérieur par lequel cette coulée est recouverte sur une surface de plus d'un kilomètre.

Le banc inférieur qui n'a pas moins de 7 à 8 mètres d'épaisseur, ne renferme aucun fragment volcanique si ce n'est dans une petite couche qui le sépare de la coulée basaltique, descendue du cratère du Soulhol par le ruisseau de Neyrac-Haut.

Par conséquent, les eaux de Neyrac étaient déjà thermales et minérales bien avant l'époque où le cratère du Soulhol a déversé une partie de sa lave brûlante dans le lit de l'Ardèche, par le ruisseau de Neyrac-Haut, et l'autre partie dans le Vignon, par le domaine de M. Desarcis.

Bien plus, les eaux de Neyrac devaient être plus chaudes à l'époque où la coulée basaltique n'opposait pas un barrage à leur écoulement dans l'Ardèche; car elles ne se mélangaient pas alors comme aujourd'hui avec les eaux naturelles qui convergent leur bassin.

J'ai donc cru pouvoir faire remonter la première origine de leur chaleur à l'émission du granite porphyroïde rose, d'où elles sourdent; puisqu'il contient les mêmes principes minéralisateurs tenus en dissolution dans les eaux thermales de Neyrac, suivant l'analyse de M. Mazade. Mais les sources de Neyrac n'ont pu commencer à jaillir et par suite à déposer du travertin dans le lit de l'Ardèche, avant l'époque où les eaux de cette rivière parvinrent à creuser son lit actuel, par le défilé de Malpas, à l'extrémité de la chaîne granitique du grand Tanargue. Or, cette époque est postérieure au soulèvement de la Côte-d'Or, comme je l ai déjà dit dans ma première lettre.

Rosières, 25 mai 1852.

J.-B. DALMAS.

MÉMOIRE

SUR LA

NATURE ET L'AGE DES VOLCANS DU VIVARAIS,

PAR J.-B. DALMAS,

Membre de la Société géologique de France et de la Société académique du Puy.

IVe LETTRE A M. BOURSIER.

—

Maintenant pour préciser l'époque de l'émission des diverses coulées basaltiques que nous admirons sur les rives de l'Ardèche et de ses affluents, il est nécessaire que je fasse la chronologie générale des volcans du Vivarais, avec une description sommaire des formes et de la nature minéralogique de leurs divers produits.

D'abord je passerai rapidement sur nos roches trachytiques qui n'existent que sur la chaîne des Boutières, depuis la carrière de trachyte du Villard, à l'extrémité nord de la commune de Borée, jusqu'à la carrière de phonolite tégulaire qui forme un mamelon complètement isolé, près de Grésière, commune de Saint-Julien-du-Guâ. Elles ne sont d'ailleurs qu'un prolongement de celles du Velay, dont la structure, les formes, la nature minéralogique et l'ordre de superposition ont été parfaitement décrits dans la description géognostique des environs du Puy, par M. Bertrand de Doue, et, plus tard, dans la description des terrains volcaniques de la France centrale, par M. Burat.

Les trachytes de l'Ardèche sont homogènes, quelquefois cellulaires, happant la langue, d'un gris vitreux plus ou moins verdâtre, parsemées de cristaux de feld-spath blanc, et de quelques rares et petits cristaux de pyroxène noir. Nos phonolites compacts sont beaucoup plus abondants et ne diffèrent des trachytes que par une texture plus serrée et moins cristalline, un aspect plus luisant et d'un vert plus foncé. Mais les phonolites tégulaires ont une texture feuilletée comme les schistes ardoisiers, avec des cristaux de feld-spath plats et très-vitreux.

Par exemple, les phonolites très-feuilletés du mont du Mezenc sont traversés du nord au sud par un filon de phonolite très-compacte, qui se dirige vers le massif phonolitique de Chabrillères.

Ces roches ignées ont surgi au-dessus du granite postérieurement au dépôt des derniers terrains tertiaires d'eau douce de la Haute-Loire. Un lambeau de ce terrain pliocène renfermant des lignites exploitables, à Rochebesse, entre Borée et Saint-Martin-de-Valamas, a été, en effet, traversé et recouvert par le phonolite et le basalte.

Le même fait se reproduit sous la Lauzière, commune du Béage, entre Vieilvieille et le Pré-des-Boutières, ainsi qu'à la grande fontaine de Touzières, où le massif phonolitique de Chouvet recouvre un banc argileux dépendant de la formation lacustre du bassin du Puy. (Les habitants du pays pétrissent cette argile en guise de chaux pour la construction de leurs maisons.)

D'ailleurs les terrains lacustres de l'Ardèche et de la Haute-Loire, ne contiennent pas le moindre fragment, soit de trachyte, soit de phonolite.

L'une et l'autre de ces deux variétés sont antérieures au dépôt alluvien de la Bresse qui recouvre tous les terrains de l'époque tertiaire.

Leur antériorité résulte évidemment : 1° De ce que ces roches ne recouvrent nulle part le dépôt de la Bresse; 2° de ce qu'on trouve dans ce dépôt des fragments roulés de phonolite, notamment au sud-est du village des Estrets, commune de Saint-Clément, immédiatement au-dessous des grandes coulées de basalte pyroxenique. Ce dernier fait, peut-être, unique dans l'Ardèche, est fréquent dans la Haute-Loire.

Le trachyte a surgi le premier, sans déjection de scories, ni de cendres, à la manière des porphyres, plus anciens que lui, tantôt en massifs, comme à la naissance des rivières de Veyradère et de Baisse, tantôt en dikes, comme les dents du Mezenc ou Chastellards, et tantôt en filons, comme ceux qui traversent les rivières de Saillouse et de Baisse, au nord et à l'ouest de Borée.

Le phonolite a surgi immédiatement après le trachyte, et souvent par les mêmes fentes que lui. Souvent aussi ces deux variétés passent insensiblement de l'un à l'autre.

En général, lorsqu'ils se rencontrent associés dans la même montagne, le trachyte constitue le noyau central, tandis que le phonolite, plus schistoïde, forme le couronnement ou l'enveloppe extérieure. Par exemple, au Grand-Grenon, commune du Béage, les masses phonolitiques recouvrent un massif de véritable trachyte gris, facile à tailler, comme le trachyte gris-verdâtre de la carrière du Villard, d'où les Pères chartreux de Bonnefoi ont tiré la belle pierre de taille de leur couvent; mais il diffère de ce dernier par de petites cavités ou cellules tapissées d'une matière zéolitique très-blanche.

Le rocher des Pradoux, même commune, est de phonolite compacte dans sa partie septentrionale, tandis que, dans la partie méridionale, un peu inférieure, il est trachytique. Cependant, au point où s'opère le changement on n'aperçoit pas de soudure : tant est intime la juxtaposition du phonolite contre le trachyte sur lequel il se moule.

Ces faits et beaucoup d'autres observations qu'il serait trop long de rapporter ici, me portent à croire qu'il n'y a point eu d'interruption dans l'émission successive des trachytes et des phonolites du Vivarais et du Velay; car pour se souder ainsi quand ils sont associés dans le même foyer, il faut bien supposer qu'ils étaient l'un et l'autre dans un état d'incandescence. Or plusieurs des foyers d'émission où ces deux rochers sont ainsi associés, ont dû être en activité à des intervalles bien éloignées les unes des autres, et, par suite, le phonolite d'un foyer peut bien être antérieur au trachyte d'un autre.

La classification du phonolite en roche distincte me paraît donc inutile, puisqu'il ne forme avec le trachyte qu'une seule et même période volcanique indivisible, et qu'il a, au fond, la même nature minéralogique et souvent même la même structure, les mêmes formes et la même couleur.

Le phonolite compacte et parfois noir me parait former la transition graduelle des trachytes aux basaltes pyroxéniques, de la même manière que les porphyres forment celle des granites porphyroïdes aux trachytes.

Il est en effet certains phonolites compactes et noirs dans le cirque des Boutières, commune de

Borée, à la base ouest du Signon et à la base nord du Gerbier-de-Jonc que l'œil distingue à peine du basalte pyroxénique dans lequel les cristaux de pyroxène sont diffus et mal formés.

Je ne trouve dans l'immense série des roches ignées de l'Ardèche et de la Haute-Loire que trois grandes classes bien distinctes, par leur âge relatif et par leur nature minéralogique. Ce sont: 1° Les granites porphyroïdes, caractérisés par des cristaux de quartz; 2° les trachytes, caractérisés par des cristaux de feld-spath, avec exclusion des cristaux de quartz; 3° les basaltes, caractérisés surtout par le péridot olivin, avec exclusion des cristaux de quartz et de feld-spath.

Par cette division très-simple, toutes les roches douteuses qui font le désespoir des classificateurs se réduisent naturellement à celles qui forment le passage insensible d'une espèce à l'autre, et dès lors il en est de la série des roches ignées, comme de la série des terrains sédimentaires où l'on voit aussi des couches placées entre deux formations différentes participer à la nature minéralogique, et souvent même aux formes et à la couleur de l'une et de l'autre.

Quant aux roches dont le métamorphisme a modifié la nature, les formes ou la couleur, il sera facile de les rapporter à leur type primitif; car j'ai toujours reconnu que l'effet métamorphyque diminue graduellement et finit par disparaître, à mesure qu'on s'éloigne du point où elles ont été traversées ou soulevées par les roches ignées.

L'observation m'a fait reconnaître moins de fluidité d'ignition dans les granites porphyroïdes de l'Ardèche que dans les trachytes, et moins dans les trachytes que dans les basaltes. J'ai enfin constaté ce fait général que la fluidité des granites porphyroïdes augmente en proportion de la diminution des cristaux de quartz ; celle des trachytes en proportion de la diminution des cristaux de feld-spath, et celle des basaltes en proportion de la diminution des cristaux de péridot.

La classification des roches ignées en trois groupes bien distincts par la différence de leurs cristaux caractéristiques, de leur âge et de leur fluidité, simplifierait beaucoup l'étude de la géologie, et l'on ne verrait plus tant de débutants reculer épouvantés devant cette kyrielle, sans fin, de noms appelés propres, donnés à chaque variété de roche qui possède accidentellement soit un élément nouveau, soit une simple différence en plus ou en moins des mêmes éléments, soit même une différence de couleur ou de forme.

Il serait trop long de faire ressortir ici l'accord de cette classification, avec ce fait bien démontré dans ma cosmogonie et géologie, pages 28 à 37, que les lois physiques qui ont présidé à l'organisation de la matière élémentaire sont invariables, et que la différence des effets produits par elles à diverses époques géologiques provient toujours des circonstances différentes dans lesquelles elles ont agi, etc.

La formation basaltique du Vivarais est très-complète. L'étude particulière que j'en ai faite m'a conduit à la subdiviser en trois émissions successives, bien distinctes.

La première est celle du basalte pyroxénique dont la pâte noire, compacte et homogène, se compose de feld-spath leptinite, de pyroxène noir et de fer titané.

La deuxième est celle du basalte péridotique, noir-bleuâtre, dans lequel les cristaux de pyroxène noir, d'abord associés avec des cristaux de péridot olivin, finissent par être totalement remplacés par des noyaux de péridot granulaire olivin.

La troisieme est celle du basalte bleu, dont la pâte homogène ne renferme plus que quelques petits cristaux de péridot olivin.

Chacune de ces trois émissions basaltiques a été accompagnée ou suivie d'éruptions boueuses.

L'émission de quelques basaltes pyroxéniques est antérieure ou du moins contemporaine du dépôt alluvien de la Bresse, car ce dépôt contient dans l'Ardèche et la Haute-Loire des petits et rares fragments de basalte pyroxénique noir et compacte, usés par un long transport.

J'ai trouvé plusieurs de ces petits cailloux basaltiques dans l'alluvion de la Bresse qui se produit en divers points sous les vastes plateaux de basalte pyroxénique de Saint-Clément (aux Estrets), du Béage (à Roudeyre), du Cros-de-Grorand, d'Usclades, de Saint-Jean-le-Noir, etc.

En parlant du dépôt alluvien de la Bresse, je dois vous prévenir que j'ai eu grand soin de ne pas le confondre, comme la plupart des géologues, avec le déluge historique ou mosaïque dont il reste aussi bien des traces dans nos vallées à des hauteurs inaccessibles au cours actuel des rivières.

D'abord les restes de l'alluvion de la Bresse ne se voient dans l'Ardèche et la Haute-Loire qu'à des hauteurs considérables, et exclusivement sous les plateaux de basalte pyroxénique qui les ont protégés contre l'action des eaux pluviales et du grand cataclysme historique. Cette alluvion y est d'ailleurs caractérisée par de petits et rares cailloux de basalte pyroxénique, par beaucoup de quartz pyraumaque et vert, par des sables bien lavés et par des lignites. Au contraire, dans les mêmes localités, notamment sur la droite du petit ruisseau de Rieufrey, à quelques pas en aval de la carrière de trachyte, dans la Saillouse près de Pomeyral, sur les plaines de Ruoms, de Vogüé, de Saint-Germain, de Chomérac et généralement sur toutes les plaines riveraines des rivières et ruisseaux qui descendent des Coirons, le diluvium historique se compose d'entassements de basaltes pyroxéniques moins arrondis, violemment arrachés aux plateaux qui recouvrent l'alluvion de la Bresse, de quelques rares et gros cailloux de granite, de quartz souvent hyalin, de grès, de calcaire, et d'une espèce de boue de matières généralement volcaniques. (Les cailloux de grès et de calcaire ne se trouvent pas à Rieufrey, ni dans la Saillouse.)

Mais les gros cailloux de basalte pyroxénique sont moins abondants sur la droite de l'Ardèche ; par exemple dans le dépôt diluvien bien caractérisé aux environs de Lesaiguières, à des hauteurs de plus de 80 mètres, au-dessus du niveau de la rivière pris au pont suspendu de Ruoms. Ils sont beaucoup moins abondants dans le même diluvium qui s'étend au sud et à l'ouest du village de la Chapelle-sous-Aubenas, et très-rares sur les Gras d'User, de Rosières, etc.

Ici ce sont de gros cailloux de grès, de quartz et de granites qui y dominent. En outre, la terre dans laquelle ils se trouvent mélangés, loin d'être blanchâtre et sableuse comme celle de l'alluvion de la Bresse, sous les coulées basaltiques de Saint-Clément et d'autres localités citées, est, au contraire, un mélange rougeâtre de vase et de toutes sortes de sables et de terres, dans lequel on trouve souvent des ossements fossiles de cheval, de bœuf, d'ours, de cerfs, d'oiseaux et de petits rongeurs. (J'en ai envoyé de beaux échantillons à M. Aymard, secrétaire de la société académique du Puy.)

En un mot, le dépôt alluvien de la Bresse se compose, dans l'Ardèche, de matériaux étrangers au pays et très-usés par un long transport, tandis que les matériaux du diluvium historique ne viennent généralement que des montagnes voisines de la localité où on les trouve, sont plus anguleux et d'un volume généralement plus grand.

Ces caractères particuliers au déluge historique s'expliquent facilement, si l'on admet, conformément au récit de Moïse, que toute la surface de la terre fut inondée par des torrents d'eaux pluviales, provenant des fontaines du grand abyme et des cataractes du ciel (1).

Les grandes coulées de basalte pyroxénique des Coirons et celles de même nature qui forment des plateaux élevés entre les rivières affluentes de la Loire et de l'Erieux, sont donc postérieures au dépôt alluvien de la Bresse qu'elles recouvrent et antérieures au déluge historique ou mosaïque qui en a dispersé les immenses débris sur toutes les

(1) J'ai dit pages 122 et 123 de ma Cosmogonie, que par fontaines de l'abyme Moïse avait voulu désigner les eaux tenues à l'état de gaz et de vapeurs dans les espaces célestes ou atmosphères des corps de notre système solaire, et par cataractes du ciel, les eaux des mers répandues à la surface de tous les corps de notre système solaire.

plaines et plateaux environnants. Les eaux pluviales et le cours des rivières actuelles n'auraient pu charrier d'aussi vastes dépôts, surtout à des hauteurs telles que les Gras de Ruoms, de Rosières, d'User, telles que les plateaux des environs du Béage, du Petit-Freycinet, du Monastier (Haute-Loire), de Rieufrey, au sud de la montagne de Tourte, etc.

L'âge antédiluvien des coulées de basalte pyroxénique est encore confirmé par ce fait constant qu'elles n'existent nulle part dans l'intérieur de nos vallées, mais uniquement sur les plateaux qui les dominent (tandis qu'au contraire les coulées du basalte péridotique et du basalte bleu se sont toujours répandues sur les rives et souvent sur le lit même des rivières actuelles).

En effet, on voit par l'épaisseur considérable des nappes de basalte pyroxénique des Coirons et du Mezenc, par leur horizontalité, leur cristallinité et leur disposition assez fréquente en prismes verticaux (reposant d'ailleurs bien souvent sur le dépôt alluvien de la Bresse), que leur coulée s'est répandue dans des bas-fonds ou du moins sur un plan peu incliné; car il est constant que des courants de matière fondue jusqu'à l'état de liquéfaction, ne peuvent prendre une surface unie et une épaisseur constante sur une pente de plus de un demi degré. Or, l'intervalle qui sépare l'émission du basalte péridotique de celle du basalte pyroxénique ne paraît pas être assez long pour que les agents atmosphériques, les pluies et le cours ordinaire des rivières actuelles aient pu opérer l'immense érosion des bassins dans lesquels coulent aujourd'hui l'Ardèche, l'Erieux, la Peyre, l'Avezon, l'Escoutay et leurs nombreux affluents, sans admettre l'intervention du grand cataclisme historique. L'immense plateau basaltique des Coirons est en effet coupé de gorges et de promontoires à pics, comme une colonne vertébrale munie de ses côtes décharnées. En évaluant à 700 mètres l'élévation moyenne du niveau du Rhône et de l'Ardèche, et à 100 mètres d'épaisseur moyenne, l'accumulation des basaltes, des scories et des cendres, il restera encore une érosion de 600 mètres de profondeur opérée par les eaux dans les divers étages des terrains jurassique et néocomien. La pensée de l'action diluvienne se présente donc tout naturellement à la vue de ce vaste rideau de précipices, projetant ses noires ombres dans les vallées et présentant en petit les scènes les plus sauvages et les plus imposantes des Alpes de la Suisse.

Le basalte pyroxénique a encore ceci de particulier qu'il s'est toujours épanché par les fentes longitudinales dans lesquelles nous le voyons sous forme de filons et de dikes et jamais par des cratères à entonnoir, comme celles du basalte péridotique et du basalte bleu.

Toute la grande chaîne trachytique et basaltique qui s'étend de l'ouest un peu nord à l'est un peu sud, depuis la ville de la Roche (Haute-Loire) jusqu'à celle de Rochemaure (Ardèche), n'est qu'une série de ramifications de filons et de dikes de basalte pyroxénique. Souvent on y voit le basalte surgir par la même fente que le trachyte et le phonolite tégulaire dont il a bien des fois disloqué ou redressé les feuillets en différents sens : par exemple entre le Gerbier-de-Jonc et le Mas-de-la-Cesse. Il s'épanchait encore par des fentes transversales dont plusieurs s'étendent presque sans interruption de l'Erieux à la Loire, et d'eux jusqu'à l'Allier; tel est par exemple celui qui traverse le lac d'Issarlès dont nous parlerons tout à l'heure. Tels sont encore, dans les Coirons, le filon qui relie à cette chaîne les dikes qu'on voit au nord-ouest de la ville de Privas, et plusieurs autres mis à découvert par la construction de la route nationale, entre Privas et Aubenas.

La structure prismatique, fréquente dans les coulées du basalte péridotique et générale dans celles du basalte bleu, est rare et moins parfaite dans nos basaltes pyroxéniques.

Lorsqu'elle a lieu dans les filons, les prismes sont couchés horizontalement; lorsqu'elle a lieu dans les coulées qui forment nos plateaux basaltiques, ils sont bien disposés verticalement comme dans les coulées plus modernes, mais ils sont d'un plus gros calibre et moins articulés.

Ces détails pourront vous paraître longs et arides, mais ils étaient nécessaires pour établir l'âge relatif et les caractères particuliers des volcans antédiluviens, dont les restes ont été tellement dégradés par la débacle diluvienne et par l'action des eaux pluviales et des agents atmosphériques, que personne, avant moi, n'a entrepris de baser une telle classification sur des faits positifs.

Pour déchiffrer ces vieux monuments de la nature, j'ai parcouru bien des fois, à pied, les montagnes abruptes et les précipices de l'Ardèche et de la Haute-Loire : je ne voulais pas faire du roman comme certains touristes aux bottes vernissées qui font leurs observations, avec une longue vue, par la portière des voitures publiques.

Les coulées du basalte péridotique sont postérieures au déluge mosaïque qui me paraît être contemporain de l'émission des basaltes à la fois pyroxéniques et péridotiques, lesquels servent de passage entre l'émission pyroxénique et l'émission péridotique.

J'ai remarqué, en effet, que la montagne volcanique de Cran, appartenant à cette variété de basalte intermédiaire, n'a pas de cratère reconnaissable, ni de coulée dans le ruisseau des Pafets, en face d'Autraigues, ni des tas de scories et de cendres; tandis que celle de Coupe-d'Étain, appartenant à la même variété, a son cratère bien conservé, avec des scories et des cendres projetées tout autour, et une puissante coulée basaltique dans le lit de la rivière de Besorgue. La dénudation de l'un et la conservation de l'autre me portent à classer le premier avant et le dernier après le grand cataclysme historique.

Ce qui prouve la postériorité du basalte péridotique et du basalte bleu, relativement au déluge historique, c'est : 1° L'absence de ces deux variétés de basalte dans le diluvium; 2° la conservation de leurs cratères d'émission en forme d'entonnoir, avec des scories et des cendres projetées tout autour; 3° leurs coulées constantes sur le lit des rivières actuelles, recouvrant des dépôts diluviens et alluviens, sans être jamais recouvertes par le diluvium.

Nous pouvons donc affirmer, sans crainte, que les dikes, les filons et les coulées de basalte pyroxénique des Coirons et des plateaux voisins du Mezenc ont tous plus de 5,160 ans, attendu qu'ils sont antérieurs au déluge mosaïque; tandis que toutes les émissions de basalte péridotique et de basalte bleu dont les coulées se sont répandues sur le lit de la Loire, de l'Ardèche et de leurs affluents, ont tous moins de 5,160 ans, puisqu'ils sont tous postérieurs audit déluge.

Bien plus, la découverte, en 1844, d'ossements humains, fossiles, dans une brèche boueuse (1),

(1) Le musée du Puy possède le morceau de brèche dans lequel sont empâtés plusieurs débris osseux de deux individus de

vomie par le volcan de Dénise, près du Puy, entre la coulée prismatique de basalte bleu de la Croix-de-Paille et les déjections de cendres et de scories en tout point identiques aux déjections de même nature des cratères de Jaujac, de Soulhol, de Thueyts, de la Gravenne-de-Montpézat et de Coupe-d'Aysac, est venue nous donner la certitude que les six volcans précités ont moins de 3772 ans, puisque, suivant Strabon, les galls n'ont commencé à se répandre dans les forêts entre le Danube, la Garonne et les Alpes, qu'après l'an 1920, avant l'ère chrétienne. Il est d'ailleurs bien probable qu'il se passa un long intervalle de temps avant que cette grande famille de la race caucasienne s'étendit des bords du Danube à ceux de la Loire et de la Garonne..

L'âge postérieur des basaltes péridotiques, relativement aux pyroxéniques, résulte évidemment de ce que leurs coulées se sont toujours répandues sur les déjections pyroxéniques, partout où ces deux variétés se trouvent en contact. Ainsi, par exemple, le cratère à basalte péridotique de Breysse, près de Présailles, a percé à travers une grande coulée de basalte pyroxénique.

taille ordinaire, mais d'un âge différent; entr'autres deux portions notables du crâne et deux fragments de machoire supérieure, l'une avec trois molaires, une canine et deux alvéoles; l'autre avec une canine usée et plusieurs alvéoles d'incisives, etc.

Le cratère si bien conservé de Cherchemus (identique à celui de Breysse), qui domine à l'est le lac d'Issarlès, s'est fait jour et a répandu ses laves, ses scories et ses cendres au-dessus de la grande coulée pyroxénique qui forme des plateaux coupés à pic, à l'est et à l'ouest du petit village de la Narce, commune du Béage, et sur Lachamp-de-Rajasse. Les basaltes péridotiques du Pièbre et Montlaur, non loin de Coucouron, recouvrent le basalte pyroxénique qui s'est épanché, dans ces localités, d'un filon qui reparait encore à la Chapelle-Graillouse, à Vaseille, et sur la droite du petit ruisseau de Fourchades jusqu'au lac d'Issarlès, dans lequel il disparait un instant pour se prolonger ensuite jusqu'à l'Erieux, par les plateaux basaltiques des communes du Béage, de Borée et d'Arcens.

La postériorité du basalte bleu, relativement au basalte péridotique noir-bleuâtre, est encore parfaitement établie par la superposition des coulées. Nous en avons deux exemples parfaits dans la grande coulée péridotique du Ray-Pic qui s'est étendue des sources de la rivière de Burzet jusqu'au pont Labeaume. Arrivée au pont d'Aulière, à la jonction de la rivière de Fontaulière, elle y forme une grande nappe immédiatement sur des cailloux roulés et sur le granite. Cette nappe, bien caractérisée par des noyaux abondants de péridot vert granulaire, par sa couleur plus foncée et par ses prismes plus gros, est recouverte par la coulée descendue du cratère de la Gravenne de Montpézat.

Le point de superposition de cette dernière à celle du Ray-Pic est exactement indiqué par une béalière qu'on y a construite au point même de contact des deux coulées. Cette superposition se voit distinctement jusqu'au petit moulin à farine du pont de Veyrières, où la coulée de la Gravenne s'est arrêtée, à cause sans doute du rétrécissement de la vallée.

La coulée du Ray-Pic est encore recouverte au pont Labeaume, à la jonction de la Fontaulière à l'Ardèche, par la coulée de basalte bleu du cratère de Soulhol. Ici comme au pont d'Aulière la coulée du Ray-Pic, avec ses noyaux de péridot olivin granulaire, sa couleur beaucoup plus foncée et ses gros prismes à peine ébauchés, se distingue très-aisément de la coulée de Soulhol, qui présente, au contraire, une colonnade de prismes verticaux, de deux mètres de hauteur, très-déliés et bien articulés, surmontée par une seconde colonnade de prismes plus longs, mais moins réguliers, inclinant en divers sens et imitant parfois les draperies de la sculpture gothique.

Le point de séparation de la coulée du Ray-Pic est d'ailleurs bien indiqué par une couche intermédiaire de cendres, de scories et de fragments de laves. C'est sur cette ligne de séparation très-visible, depuis les plus hautes maisons du village jusqu'au tournant de la chaussée qui fait face au château de Ventadour, qu'existe la fameuse grotte du pont Labeaume, décrite par M. Faujas de Saint-Fond et par tous les touristes modernes, comme un évent volcanique aussi poëtique que la caverne par laquelle Enée descendit vivant dans les enfers.

Mais l'attrait d'une description poëtique ne me fera jamais dévier de la vérité, quelque prosaïque qu'elle soit en géologie, et cette grotte romantique ne sera jamais pour un observateur sérieux qu'une simple excavation produite par le déblaiement d'un tas de matières incohérentes sur lequel sa voûte s'est moulée, lorsque la coulée basaltique s'est répandue dessus à l'état pâteux.

Enfin l'âge moderne (moins de 3,772 ans) des volcans de Dénise (Haute-Loire), de Coupe-d'Ayzac, de Coupe-de-Jaujac, de Soulhol, de Thueyts et de la Gravenne-de-Montpézat (Ardèche), se manifeste évidemment : 1° Par les ossements humains fossiles empâtés dans la dernière éruption boueuse de celui de Dénise (1); 2° par la

(1). Je dis la dernière éruption boueuse de Dénise, parce que l'examen des lieux m'a fait reconnaître que son cratère est établi sur une ancienne bouche volcanique longitudinale, qui commença par une grande émission de brèches plus ou moins boueuses, comme les bouches volcaniques de Polignac, de Saint Michel, de Corneille, etc., auxquelles elle se relie par des filons de basalte pyroxénique qui se produisent surtout au sud et au nord de Dénise.

conservation de leurs cratères en forme de coupe et par la fraîcheur des scories et des cendres, qu'on dirait éteintes depuis quelques jours seulement ; 3° par la coulée de leurs laves dans le lit actuel des rivières, immédiatement au-dessus du basalte péridotique et des alluvions anciennes et modernes ; 4° enfin par la ressemblance de leurs produits et de leur mode d'émission avec ceux de l'Italie et de l'Islande.

La contemporanéité de ces six volcans se justifie par l'identité des formes, de la couleur, de la nature minéralogique, du mode d'émission et de la position géognostique de leurs laves, scories, lapilli, pouzzolanes et cendres.

Celui de la Gravenne-de-Montpézat présente seul deux coulées postdiluviennes, séparées par une éruption boueuse, dans laquelle j'ai trouvé des débris et des empreintes de genêts parfaitement semblables à ceux qui croissent actuellement sur les flancs et dans l'intérieur du cratère.

Cette éruption boueuse est moins argileuse et moins puissante que celle de Dénise qui renferme les ossements humains fossiles. L'une et l'autre sont, en général, composées de fragments volcaniques et granitiques plus ou moins agglutinés ensemble par une grande quantité de cendres volcaniques et de matières ferrugineuses. Leur couleur est ordinairement jaunâtre ou grise.

On ne peut attribuer la stratification de celle de Dénise à un remaniement d'eaux lacustres ou de courants alluviens.

En effet, elle commence immédiatement sous la plus haute couche de cendres et de scories qui couronne le cratère. De là, la partie de cette coulée boueuse, qui contient des ossements humains fossiles, descend par le flanc occidental de la montagne, jusqu'à peu de distance du lit actuel de la rivière de Borne ; tandis qu'une autre partie de la même coulée boueuse descend, par le flanc oriental, josqu'au fond du vallon de Polignac, où elle renferme des os fossiles de divers mammifères.

Le vallon de Polignac et les lits de la Borne et de la Loire étaient donc, à cette époque, à peu près au même niveau et dans le même état que de nos jours.

Or il est certain que, dans la Haute-Loire, aucune éruption volcanique n'est postérieure à celle de Dénise et qu'aucun soulèvement n'est venu depuis lors placer ces couches dans la position inclinée où elles se trouvent.

La stratification des couches de brèches boueuses qui s'étendent aux pieds du cratère de la Gravenne, dans le champ de l'hôpital de l'église, à la prise d'eau de la béalière du moulin du Pont, et à côté de ce moulin, sous une masse de poudingue dans laquelle j'ai trouvé aussi des débris de genêts, pourrait bien être attribuée à l'action des eaux qui furent refoulées par l'encombrement du lit des rivières de Pourseille et de Fontaulière ; mais la stratification de petites couches horizontales qu'on voit sous le Rocher-Noir de la Chaussade, au niveau de la route départementale n° 5, et sous le faisceau de prismes qui supporte le château de Pourcheyrolle (là j'ai trouvé des débris et des empreintes de genêts), ne doit point être attribuée à un remaniement des eaux des rivières, vu leur situation en aval de l'encombrement qui arrêta le cours des eaux, comme l'indique l'alluvion laissée par elles sur les plaines du Pourtalas et de Pourcheyrolle. Nous avons d'ailleurs des couches nombreuses et puissantes de brèches composées de matières volcaniques et granitiques évidemment sorties à l'état de boues par les cratères de la Vestide, du Pal et du Chambon de Montpézat, entre deux éruptions de basalte péridotique. Elles recouvrent les sommets des montagnes granitiques du Pal et du Roux dont la hauteur est au moins de 1,150 mètres au-dessus du niveau de la mer, et de 100 mètres au-dessus des sources des rivières de Pourseille et de Fontaulière qui y prennent naissance. Elles sont surtout très-développées sur les hauteurs qui séparent le cratère de la Vestide de celui du Chambon, d'où elles descendent, vers le village du Fau, sur le lit même de la rivière de Pourseille. Là cette brèche boueuse, superposée à une première coulée de basalte péridotique et recouverte par des cendres et des scories péridotiques, prend assez de consistance pour être exploitée comme pierre de taille.

Une autre puissante coulée de brèches boueuses est aussi sortie durant la période péridotique du cratère du lac d'Issarlès, maintenant rempli d'eau très-limpide.

Les six cratères précités ont encore ceci de commun que leur dernière période d'activité s'est terminée par une émission de scories et de cendres brûlantes.

De plus, les coulées prismatiques des cinq volcans modernes de l'Ardèche (car celle de Dénise n'existe qu'au pied de cette montagne dans le lit de la Borne) présentent toutes une première colonnade de prismes verticaux dont la hauteur augmente à mesure qu'elles s'éloignent davantage du cratère d'émission. Ainsi la colonnade inférieure de la coulée de Thueyts n'a que deux ou trois mètres de hauteur à l'Echelle du Roi et à la Gueule d'Enfer, par où elle s'est précipitée dans le lit de l'Ardèche; tandis qu'elle en a douze à quinze sur la béalière du moulin de M. Gourdon, à trois ou quatre cents pas du ruisseau de Neyrac-Haut, par où la coulée de Soulhol s'est précipitée dans l'Ardèche. Il est bien dommage, pour la beauté du coup-d'œil, que l'épaisse corniche de prismes inclinés et divergents qui la couronne, depuis l'Echelle du Roi jusqu'à la Gueule d'Enfer, ait été emportée au domaine de M. Gourdon par les eaux de l'Ardèche ; car on ne voit nulle part, dans l'Ardèche ni dans la Haute-Loire, des prismes plus beaux et mieux articulés.

La colonnade prismatique inférieure de la coulée de Jaujac s'élève aussi graduellement comme celle de Thueyts jusqu'à ce qu'elle arrive à deux cents pas environ du domaine de M. Desarcis, où elle a été arrêtée par les déjections du cratère de Soulhol. On voit effectivement par l'inspection des lieux que l'encombrement du lit de l'Ardèche et du Vignon par les laves, les cendres et les scories sorties du cratère de Soulhol, a fait refluer vers le cratère de Jaujac et de Thueyts les coulées laviques qui en descendent, et qu'elles se sont alors nivelées et moulées sur le lit des rivières à la manière des liquides en repos.

Il n'en est pas ainsi de la colonnade inférieure de la coulée basaltique de Soulhol ; comme elle n'a rencontré aucun obstacle capable de la faire refluer, elle présente partout une hauteur égale d'environ un mètre et demi ; ce qui la fait distinguer facilement de toutes les autres.

Je n'essayerai pas de tracer le lugubre tableau qu'offrait alors la vallée de l'Ardèche, aujourd'hui si riante et si paisible. Figurez-vous tout ce que les éléments confondus ont de plus effrayant. Des mugissements souterrains, suivis d'horribles convulsions ; des exhalaisons méphytiques ; d'épais nuages de fumée et de cendres brûlantes, interceptant la lumière du soleil; des torrents de laves embrasées se précipitant dans le lit des rivières qui se transforment en lacs, en remontant vers leurs sources; des tourbillons de lapilli incandescents et de flammes, projettant une lumière blafarde sur cette scène d'horreur qui porte au loin l'épouvante, la désolation et la stérilité.

Cependant l'eau des rivières, longtemps refoulée et en grande partie vaporisée par le contact des laves brûlantes, s'élève peu à peu au-dessus de l'obstacle. A la longue, elle s'y creuse un passage dans la partie la moins résistante, avant que l'intérieur de la masse basaltique fut complètement refroidie et divisée en prismes par le retrait.

Cette érosion dut occasionner l'affaissement des masses basaltiques, et, par suite, les prismes encore à l'état de pâte molle durent dévier de la ligne verticale; tandis que la partie de la coulée inférieure au niveau de l'érosion n'éprouva aucune oscillation et conserva sa disposition verticale.

En visitant ces lieux, nous verrons une infinité d'autres choses intéressantes que l'œil saisit sans peine et que la plume ne peut rendre.

Madame Boursier et vos enfants verront, surtout avec plaisir, l'Echelle du Roi et la Gueule d'Enfer, à Thueyts, le château et la cascade de Pourcheyrolle à Montpézat, et tant d'autres sites pittoresques décrits par MM. Faujas de St-Fond, Albert-Duboys, Ovide de Valgorge et par moi-même, dans divers numéros du *Journal de l'Ardèche* (mois de mai 1840) et dans la *Mosaïque du Midi* (mois d'avril 1842). Je sais que les dames préfèrent ces agréables futilités qui charment la vue et parlent à l'imagination. Je partageais bien moi-même leur sentiment en 1840, lorsque, dans mon admiration enthousiaste pour le site charmant de Pourcheyrolle, je m'exprimais ainsi :

« Qu'il est beau, qu'il est grandiose et varié le spectacle qui se déroule à mes yeux! Oui, la nature, par un caprice de sa libéralité, s'est plu à réunir dans ce lieu favorisé, la plupart des rares curiosités qu'elle a disséminées dans le reste de l'Ardèche. Voyez au nord et au couchant ces hameaux entourés de vergers et de jardins, si pittoresquement semés sur le penchant de ces collines riantes de fraîcheur et d'ombrage ; voyez, à leurs pieds, dans le bassin du Vallon, ces immenses prairies communales au milieu desquelles la petite ville de Montpézat semble vouloir se cacher dans la brume ; levez vos yeux sur la haute montagne qui l'abrite contre les vents du nord : Quel immense amphithéâtre !

» Voyez les masures de ce château qui domine à l'ouest Montpézat et la Ville-Basse. C'est là qu'en 1519, devant Valentin, notaire public, et en présence d'une infinité de témoins, Catherine Peyretone, veuve de Mondon Eyraud du Villaret, mandement de Montpézat, fut interrogée et enfin condamnée à être brûlée vivante, comme sorcière et *masque*, par le révérend père Louis Briny, de l'ordre des mineurs du couvent d'Aubenas, délégué par le révérend père Louis Chambon, de l'ordre des mineurs de Largentière, inquisiteur général de la foi, dans le diocèse de Viviers et plusieurs autres diocèses et provinces.

» Portez maintenant vos regards à l'est et au midi.

» D'abord n'êtes-vous pas frappé de la physionomie antique et féodale de ce château audacieusement bâti sur l'étroite plate-forme d'une roche de basalte suspendue dans les airs? Morne, silencieux, couvert d'un sombre manteau de lierre, comme d'un drap funéraire, il s'assied tristement au bord du précipice qui doit bientôt lui servir de tombeau. On dirait d'un vieillard caduc et décrépi qui, sous les haillons honteux de la misère, se souvient, avec douleur, des jours heureux de sa jeunesse, et soupire après la mort qui doit enfin mettre un terme à l'abandon de sa trop longue existence. Plus loin, sur le même horizon, voyez cette vaste et riche plaine de Champagne, toute couverte de mûriers, que les rivières ont séparées du château par des précipices affreux; puis ces fertiles coteaux des Chaudoirs où mûrissent, dans les mêmes champs, les fruits de Pomone, les blondes moissons de Cérès et la grappe dorée consacrée à Bacchus; puis, enfin, ces montagnes boisées de châtaigniers qui s'élèvent tout au tour comme une sombre enceinte de verdure.

» Pour varier la perspective de cet immense panorama, voici à notre droite le cratère de la Gravenne dont la forme conique est si intacte et si fraîche qu'on le croirait formé là d'hier seulement. Vous frissonnez en voyant au-dessus de votre tête cette bouche large et béante qui semble menacer encore de ses terribles vomissements; mais rassurez-vous, car nos pères nous ont raconté maintes fois que la montagne a cessé de vomir des flammes depuis que César traversa le pays, pour aller combattre le fameux Vercingentorix, chef des Auvergnats insurgés. »

Dans le même journal, je décrivais ainsi la cascade de Pourcheyrolle : « La rivière de Pourseille, grossie soudain par l'orage, accourait, trouble, furieuse, entraînant par ses bonds désordonnés les rochers, les arbres, les récoltes et les champs. Bientôt elle se précipite avec fracas dans le gouffre de la cascade, sous la forme d'une énorme colonne d'eau bouillonnante. Ses flots agités, suspendus, divisés par l'air, s'élancent dans l'abîme, se poussent, se succèdent, tombent en écume et expirent en mugissant sur le rivage épouvanté. Le château tremble sur ses fondements, et l'écho de ses voûtes sonores retentit d'un bruit sourd et prolongé; une vapeur épaisse s'élève dans les nues et retombe aussitôt en rosée. Les globules d'eau suspendues, comme des perles sur l'herbe de la prairie, imitent au soleil les couleurs nuancées de l'arc-en-ciel. »

C'est pour madame Boursier et vos enfants que je me pille à moi-même ces petits tableaux, semés de fleurs qui sentent encore la rhétorique du collége. Comme géologue, minéralogiste et chimiste, vous devez vous contenter de l'aride description des faits géologiques que je vous prie de venir vérifier au plus tôt.

Rosières, le 10 juin 1852.

J.-B. DALMAS.

PROPRIÉTÉS THÉRAPEUTIQUES

ET ANALYSE

DES EAUX MINÉRALES ET THERMALES

DE NEYRAC

PRÈS LA VILLE D'AUBENAS (ARDÈCHE),

Approuvées par l'Académie de Médecine de Paris.

Ouverture de l'Établissement le 1er juin 1852.

Les EAUX MINÉRALES et THERMALES de NEYRAC, jadis célèbres, étaient délaissées, depuis des siècles, lorsque divers praticiens des localités voisines entreprirent de les tirer de l'oubli immérité dans lequel elles étaient tombées. Ils ne les appliquèrent d'abord qu'au traitement des affections cutanées.

Ces premiers essais ayant donné des résultats très-heureux, ils en étendirent l'application au traitement d'affection très-variées et d'ordre tout différent, et ils obtinrent des cures nombreuses et très-remarquables.

Ce fut alors qu'on chercha à connaître la nature de ces eaux, par leur analyse chimique.

D'abord M. Mazade fit connaître leur composition en 1851, dans un mémoire qu'il adressa à l'Académie des sciences.

En 1852, une seconde analyse des eaux de la source des bains a été faite par une commission spéciale, désignée par l'Académie de médecine de Paris et le rapport présenté par M. Ossian (Henry), dans la séance académique du 29 juin 1852, constate les résultats suivants (1) :

Température moyenne, 27 degrés centigrades ;
Résidu fixe, 1 gramme 56 centigrammes pour 1,000 grammes ;
Acide carbonique libre, 1/9e ou 1/8e du volume ;
Azote avec un peu d'oxigène, indéterminé

Le résidu se compose ainsi :

		grammes.
Bicarbonate de chaux		0,847
—	de magnésie	0,285
—	de soude (anhydre)	0,466
—	de potasse (anhydre)	0,150
—	de fer	0,014
—	de manganèse	(sensible)
Sulfate de soude et chaux anhydre		0,130
Chlorure alcalin		0,039
Iodure alcalin		(indices peu sensibles)

(1) L'Analyse de M. Henry n'est qu'un premier aperçu. Dans une lettre d'éloges et de félicitations adressée à M. Mazade en date du 21 juin, ce savant lui fait connaître que, pressé par la demande en autorisation, le temps lui a manqué pour constater l'existence de tous les corps nouveaux, mais qu'il s'en occupera ultérieurement.

Ces recherches d'ailleurs, sont longues et très-difficiles.

Silicate d'alumine . . . . — de soude et de potasse — de zircone	. . .	0.058
Oxyde de titane (sans doute uni à du fer). Nikel et cobalt (sans doute carbonatés) . Arsenic uni à du fer . . . . Phosphate terreux . . : . . . . . Matière bitumineuse et perte		0,110
Total.		2,099

La composition de l'eau minérale de Neyrac (source des bains) la place donc parmi les eaux acidules-alcalino-terreuses et ferrugineuses. Elle est remarquable, en outre, par la présence de principes qui n'avaient point encore été signalés dans les eaux minérales.

La commission conclut à l'adoption de la demande d'exploitation. — *Adopté.*

Pour copie conforme du compte-rendu de la séance de l'Académie de médecine du 29 juin 1852.

REYMONDON.

Ces eaux alcalines et onctueuses s'emploient à l'intérieur et à l'extérieur, sous forme de bains et de douches, et le résidu qu'elles déposent est également utilisé dans des maladies spéciales.

Il serait trop long de donner ici la relation des cas curieux de maladies dans lesquels leur puissante efficacité s'est révélée avec éclat. Nous laissons aux praticiens qui ont recueilli ces faits intéressants, le soin de leur donner la publicité qu'ils méritent : nous nous bornons à citer sommairement les diverses maladies dans lesquelles ces eaux ont été employées avec succès.

Ce sont 1° toutes les maladies cutanées, vulgairement connues sous les noms de dartres, teigne, gale, etc., etc.;

2° Les rhumatismes, la goutte, principalement lorsque ces maladies sont entées sur des constitutions nerveuses et très irritables;

3° Les maladies articulaires, les *tumeurs blanches*, en particulier, l'engorgement des glandes lymphatiques du cou, des aisselles, des aînes, les plaies chroniques ou ulcères;

4° Certaines maladies des femmes, les flux leucorrhéens ou pertes blanches, que ces flux soient essentiels, ou bien, ce qui arrive souvent, qu'ils soient liés à un engorgement, à des granulations ou à des ulcérations de l'utérus;

5° Les *névroses*, l'hystérie, l'hypochondrie, la chorée, ou danse de Saint-Guy; les névropathies des organes de la digestion, si communes, de nos jours, et qui font le désespoir tant du malade que du médecin ; la gastralgie, l'entéralgie, affections en général de très-longue durée, et caractérisées par une perturbation marquée des fonctions digestives, à laquelle viennent se joindre souvent un malaise inexprimable, des étouffements, des palpitations, des vertiges, le défaut d'aptitude à tout travail physique et intellectuel, un découragement extrême, des terreurs imaginaires et d'autres symptômes qui tous traduisent l'état de souffrance profonde du système nerveux.

Nous aurions pu étendre de beaucoup la liste des maladies dans lesquelles l'usage des eaux de Neyrac a produit d'excellents effets; nous nous sommes contentés d'indiquer les principales, et, le nombre en est assez grand, pour justifier l'affluence extraordinaire des malades qui depuis quelques années viennent de tous côtés demander à ces eaux la guérison ou du moins un adoucissement à leur maux. Tout annonce que l'avenir grandira encore leur ancienne réputation.

—

Toutes les mesures ont été prises pour qu'on trouve sur les lieux, les soins, les facilités, les agréments et le confort des autres établissements.

Un omnibus élégant partant deux fois par jour, de l'hôtel d'Europe à Aubenas chez M. Laville fils, transportera en une heure et quelques minutes sur les lieux, *et vice versà*.

Messieurs les baigneurs trouveront dans le délicieux vallon de NEYRAC, un climat des plus doux et des plus salubres : deux tables d'hôtes parfaitement servies, un restaurant et un café confortables, un joli hôtel, plusieurs maisons garnies, un service de bains et un système de douches complets, de belles promenades, des points de vues charmants et variés, enfin de vastes et majestueux ombrages.

Bientôt, nous en avons la conviction, les eaux de Neyrac acquerront au dehors la célébrité dont elles jouissent déjà dans le département, et les touristes, surtout les géologues, viendront à l'envi admirer dans la magnifique vallée de l'Ardèche, ces grandes scènes de la nature expliquées et décrites avec tant de talent et de vérité par un géologue Ardèchois, qui vient de se révéler dans le monde savant par un ouvrage immortel, intitulé : *la Cosmogonie et la Géologie, basées sur les faits physiques, astronomiques et géologiques, et leur comparaison avec la formation des cieux et de la terre, selon la Genèse.*

Analyse de M. MAZADE, chimiste-pharmacien, à Valence.

Constitution chimique de mille grammes d'eau, résultats très-remarquables communiqués par l'Auteur à l'Académie des Sciences et à l'Académie de Médecine de Paris (1).

Principes volatils.	Azote	*litre*	Inapprécié
	Acide carbonique		0,638
Chlorures.	de Sodium	*gram.*	0,017
Bi-carbonates anhydres	de Potasse		0,045
	de Soude		0,519
	de Lithine		0,003
Carbonates et oxides terreux dissous par l'acide carbonique et les bi-carbonates alcalins.	de Chaux		0,610
	de Strontiane		$0{,}00\frac{3}{10}$
	de Magnésie		0,086
	de Glucyne		0,011
	de Zircone		0,00
	d'Yttria		0,003
	de Silicium		0,068
	d'Aluminium		0,055
Carbonates et oxides métalliques dissous par l'acide carbonique et les bi-cabonates alcalins.	de Cerium, de Lanthane, de Didyme		0,002
	de Nickel		0,006
	de Cobalt		0,001
	de Tantale		$0{,}00\frac{1}{2}$
	de Titane		0,002
	de Molybdéne		0,006
	de Tungsténe		0,003
	d'Etain		0,005
	d'Arsenic		$0{,}00\frac{1}{2}$
	de Manganèse		0,004
	de Fer		0,019
Matière bitumineuse.	Acide mellitique		0,020
	Bitume		0,104
	Total des Principes fixes . . .		1,644

(1) Les corps qui ont été découverts pour la première fois dans les Eaux minérales par M. Mazade, sont : l'*Etain*, le *Molybdéne*, le *Tunsténe*, le *Tantale*, le *Titane*, la *Zircone*, le *Nickel*, le *Cobalt*, le *Cerium*, l'*Yttria*, la *Glucyne* et l'*Acide mellitique*.

Nous croyons savoir que le chimiste de Valence vient d'adresser à l'Académie des sciences et à l'Académie de médecine de Paris, un nouveau mémoire purement chimique, qui contient l'ensemble de ses recherches et de ses observations sur les Eaux de Neyrac, ainsi que l'exposé des méthodes et des difficultés de l'analyse.

Valence, Imp. de J. Marc Aurel.

www.ingramcontent.com/pod-product-compliance
Lightning Source LLC
LaVergne TN
LVHW050426160826
845677LV00002BA/560
9782329690377